はじめに

このマニュアルは、農地転用許可制度について広く理解いただくために制度の概要をわかりやすく解説したものです。

今回の改訂では、平成30年の農地法改正による「農作物栽培高度化施設」に関する特例及び令和元年の農地法改正で設けられた農地の利用の集積に支障を及ぼすおそれがあると認められた場合等の不許可要件を追加するとともに、一時転用許可が必要となる営農型太陽光発電設備の取扱いや違反転用に対する措置も盛り込むほか、全体の構成を見直しました。

本書が、農地転用の事務に携わる農業委員会をはじめ農地転用に関心を寄せる方々に幅広くご活用いただければ幸いです。

令和３年３月

全国農業委員会ネットワーク機構
一般社団法人 全国農業会議所

目次

土地利用区分

農業振興地域と都市計画区域の関係

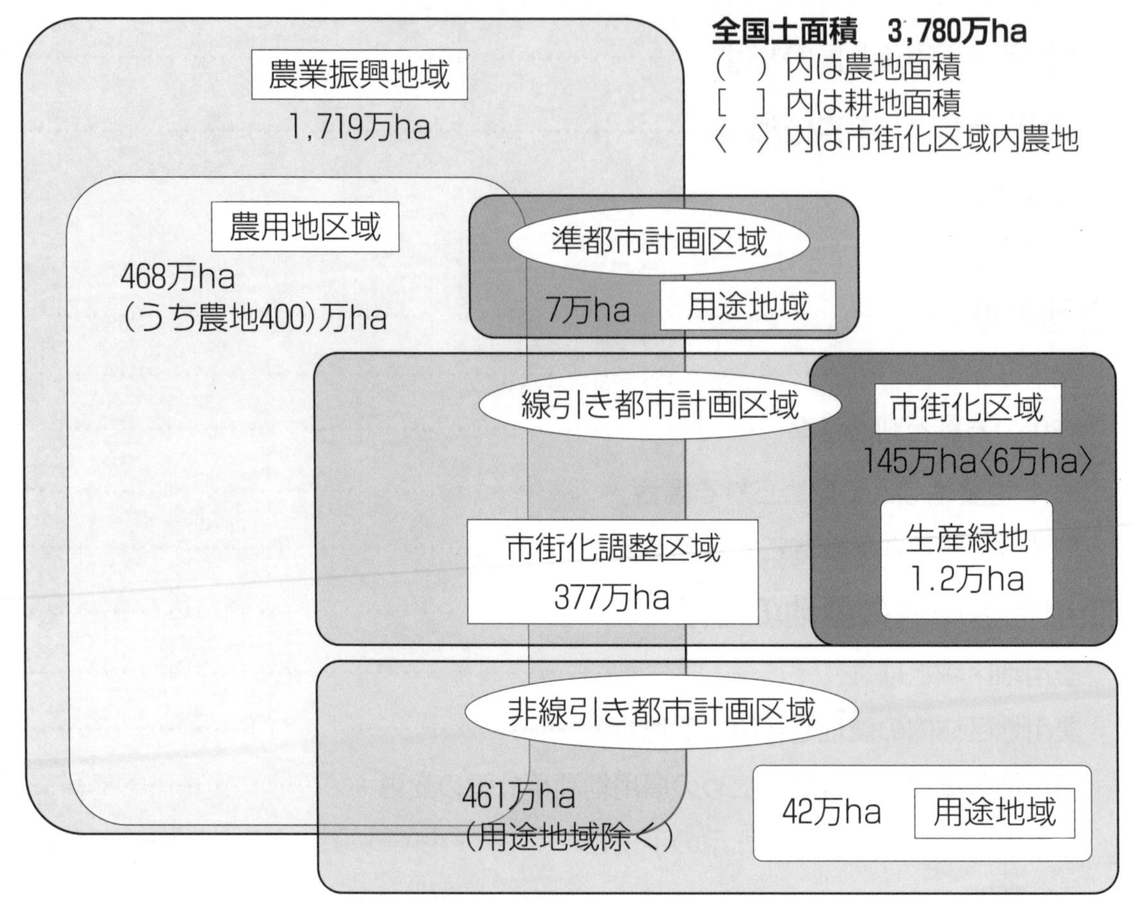

資料：国土地理院「全国都道府県市区町村面積調」(令和2年10月1日現在)
農林水産省農村振興局農村政策部農村計画課調べ（令和元年12月31日現在）
国土交通省都市局「都市計画現況調査」(平成31年3月末現在)
総務省自治税務局「固定資産の価格等の概要調書」(令和元年度)

農地転用の推移

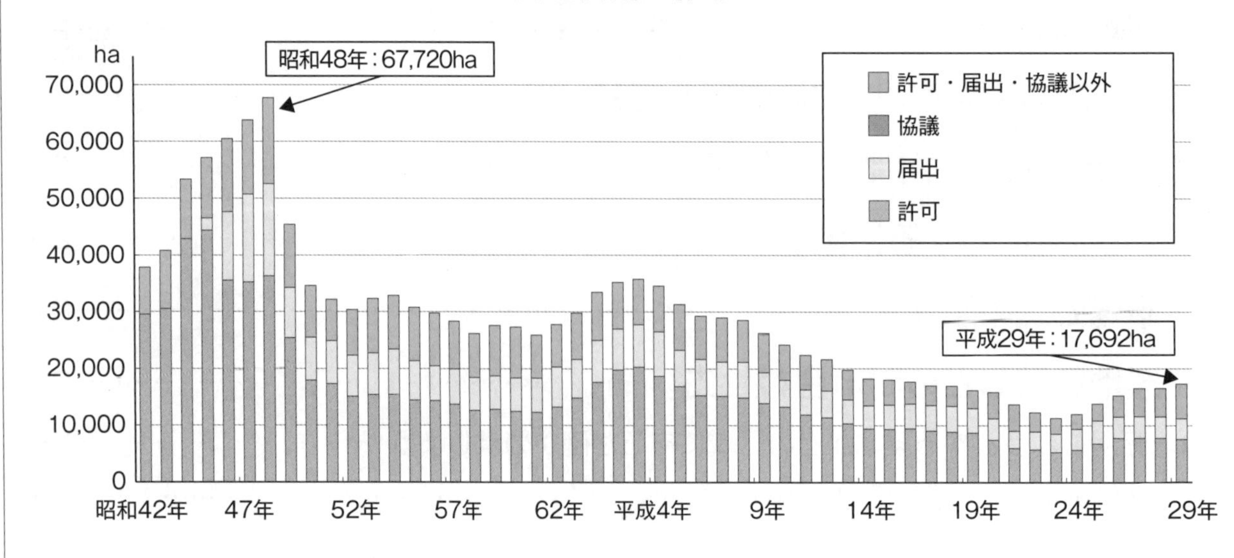

1 農地転用許可制度の概要

■農地を転用する場合には、農地法の許可が必要です。

<table>
<tr><th>農地法</th><th>許可が必要な場合</th><th>許可申請者</th><th>許可権者</th><th>許可不要の場合</th></tr>
<tr><td>第4条</td><td>自分の農地を
転用する場合</td><td>転用を行う者
（農地所有者等）</td><td rowspan="2">・都道府県知事
・指定市町村の長</td><td rowspan="2">・国、都道府県、指定市町村が転用する場合（学校、社会福祉施設、病院、庁舎又は宿舎のために転用する場合を除く。）
・基盤強化法による農用地利用集積計画及び農地中間管理事業法による農用地利用配分計画により利用する場合
・市町村（指定市町村を除く。）が道路、河川等土地収用法対象事業（土地収用法第３条（15頁）を参照。）のために転用する場合（学校、社会福祉施設、病院又は市役所、特別区の区役所若しくは町村役場のために転用する場合を除く。）等</td></tr>
<tr><td>第5条</td><td>事業者等が
農地を買って
（又は借りて）
転用する場合</td><td>売主（貸主）
（農地所有者）と
買主（借主）
（転用事業者）</td></tr>
</table>

（注 1）：4ha を超える農地の転用を都道府県知事等が許可しようとする場合には、あらかじめ農林水産大臣に協議することとされています。

（注 2）：指定市町村とは、農地転用許可制度を適正に運用し、優良農地を確保する目標を立てるなどの要件を満たしているものとして、農林水産大臣が指定する市町村のことをいいます。指定市町村は、農地転用許可制度において、都道府県と同様の権限を有することになります。

2 農地転用許可基準の概要

(1) 立地基準

転用候補地の農地区分から許可の可否を審査します。

(2) 一般基準

① 転用の確実性を他法令の許認可等の見込み、資金計画の妥当性等により審査します。
なお、宅地分譲を目的とする宅地造成事業（住宅・工場等の建物の建設の伴わない宅地造成事業）は、投機的な土地取得及び遊休化を防止する観点から、事業主体及び用途を限定して許可することとしています。
また、建築条件付売買予定地で一定期間（おおむね３ケ月以内）に建築請負契約を締結する等の一定の要件を満たすものは、宅地造成のみを目的とするものには該当しないものとして取り扱われます。

② 周辺農地への被害防除措置の妥当性と、土砂の流出等の災害発生のおそれ、農業用用排水の機能支障等のおそれにより審査します。

③ 農地の利用の集積に支障を及ぼす場合、また、農地の農業上の効率的かつ総合的な利用の確保に支障を生ずる場合を審査します。

④ 仮設工作物の設置その他の一時的な利用については、農地への原状回復が確実と認められるか等を審査します。

3 立地基準等

次の農地区分により、転用を農業上の利用に支障が少ない農地に誘導されるようにしています。転用しようとする農地がどの区分に当たるかは、農業委員会に相談してください。

(1) 農地区分

農用地区域内の農地（法第４条第６項第１号イ）

市町村が定める農業振興整備計画において農用地区域とされた区域内の農地

甲種農地（法第４条第６項第１号ロ、政令第６条、省令第 41 条）

第１種農地の要件に該当する農地のうち市街化調整区域内にある特に良好な営農条件を備えている農地

- 集団的優良農地（おおむね 10ha 以上の規模の一団の農地）の区域内にある農地で、その区画の面積、形状、傾斜及び土性が高性能農業機械による営農に適するものと認められること
- 特定土地改良事業等の施行に係る区域内にある農地のうち、工事完了した後の翌年度から起算して８年以内のもの

第１種農地（法第４条第６項第１号ロ、政令第５条第１号～３号、省令第 40 条第１号～２号）

集団的に存在する農地その他の良好な営農条件を備えている農地

- 集団農地（おおむね 10ha 以上の規模の一団の農地）、土地改良事業等の施行区域内にある農地、近傍の標準的な農地を超える生産をあげる農地

第２種農地（法第４条第６項第２号、第１号ロ（2)、政令第８条、省令第 45 条、第 46 条）

市街地の区域内又は市街地化の傾向が著しい区域（第３種農地の要件）に近接する区域その他市街化が見込まれる区域内にある農地

なお、第２種農地の要件に該当する場合は、同時に第１種農地での要件に該当する場合であっても、第２種農地に区分される

第３種農地（法第４条第６項第１号ロ（1)、政令第７条、省令第 43 条、第 44 条）

市街地の区域内又は市街化の傾向が著しい区域内にある農地

- 水道、下水道管又はガス管のうち２種類以上が埋設されている道路（幅員 4m 以上）の沿道の区域であって、かつ、おおむね 500m 以内に２以上の教育施設、医療施設等の公共施設又は公益的施設があること
- おおむね 300m 以内に鉄道の駅、軌道の停車場又は船舶の発着地等があること
- 街区の面積に占める宅地の面積の割合が 40% を超えている等市街地の中に介在する農地等

（2） 許可の方針と判断基準

農用地区域内の農地（法第４条第６項第１号イ、政令第４条第１項第１号）

原則として不許可

ただし、農用地利用計画において指定された用途に供するために行われるもの（例えば、農業用施設用地に指定された土地に農業用施設を建設する場合）等は許可

（注）「農用地利用計画」は、市町村農業振興地域計画の中の計画で農用地等として利用すべき土地の区域（農用地区域）及びその区域内にある土地の用途指定（農地、採草放牧地、混牧林地、農業用施設用地）をしている計画です。

甲種農地（法第４条第６項第１号ロ、政令第６条）

原則として不許可

ただし、土地収用法第26条の告示があった事業（法第４条第６項ただし書）や公益性の高い事業（第１種農地より限定されている）の用に供する場合等は許可

第１種農地（法第４条第６項第１号ロ、政令第４条第１項第２号）

原則として不許可

ただし、土地収用法対象事業等公益性の高い事業（甲種農地より限定されていない）の用に供する場合等は許可

第２種農地（法第４条第６項第２号、政令第４条第２項）

周辺の他の土地では事業の目的が達成できない場合や、農業用施設を建設する場合、公益性の高い事業の用に供する場合等は許可

第３種農地

第３種農地の転用は許可

（注）「土地収用法対象事業」については、土地収用法第３条を参照してください（15頁にも掲載しています）。

(3) 第１種農地などで認められる場合

我が国の経済社会情勢や農業・農村の変化を踏まえて、必要な転用には対応しています。

第１種農地などであっても次に該当する場合などには農地転用の許可をすることができることとされています。（ただし、地域の農業の振興に資する施設については、その他の土地では事業の目的が達成できない場合及び地域の農業の振興にどのように資するのか明確である場合に限られます。）

農業用施設・農畜産物処理加工施設、農畜産物販売施設を設置する場合（政令第４条第１項第２号イ）

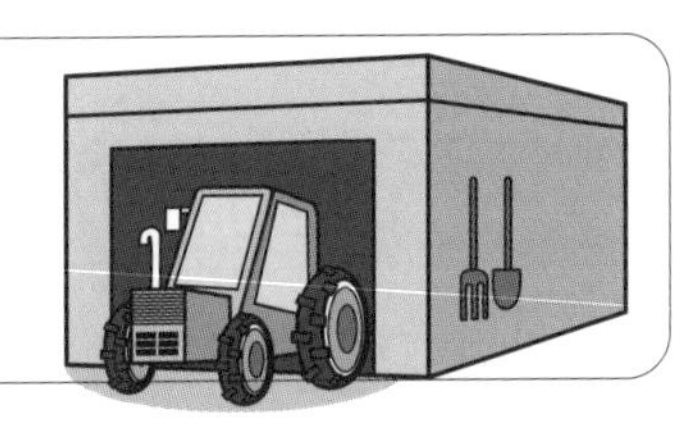

地域の農業の振興に資する施設

- 都市住民の農業の体験その他都市等との地域間交流を図るための施設を設置する場合

- 地域の農業従事者を相当数安定的に雇用することが確実な工場、加工・流通施設等農業従事者の就業機会の増大に寄与する施設を設置する場合（就業機会の増大に寄与するか否かは、当該施設に新たに雇用されることとなる者に占める当該農業従事者（世帯員含む）の割合がおおむね３割以上で判断される。）

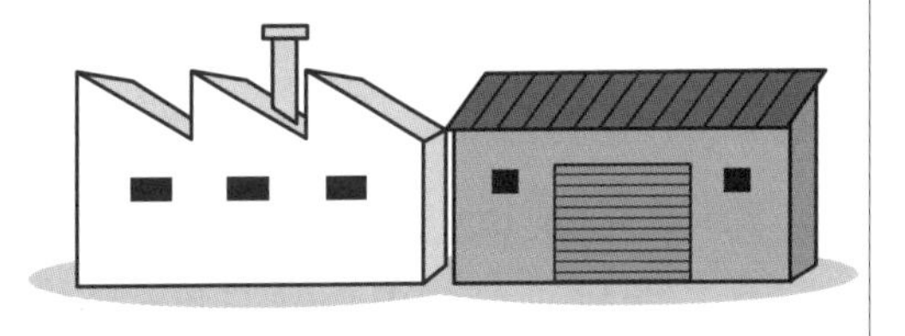

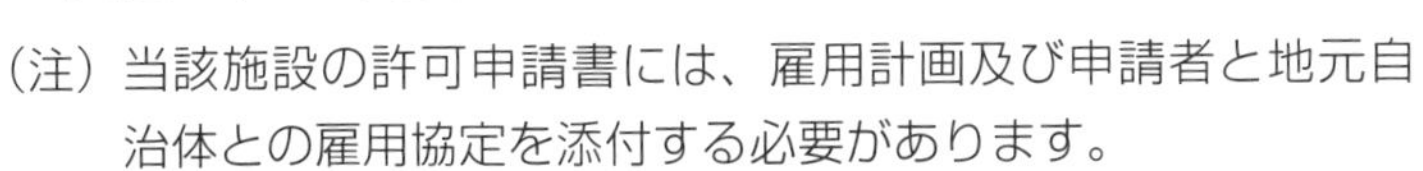

（注）当該施設の許可申請書には、雇用計画及び申請者と地元自治体との雇用協定を添付する必要があります。

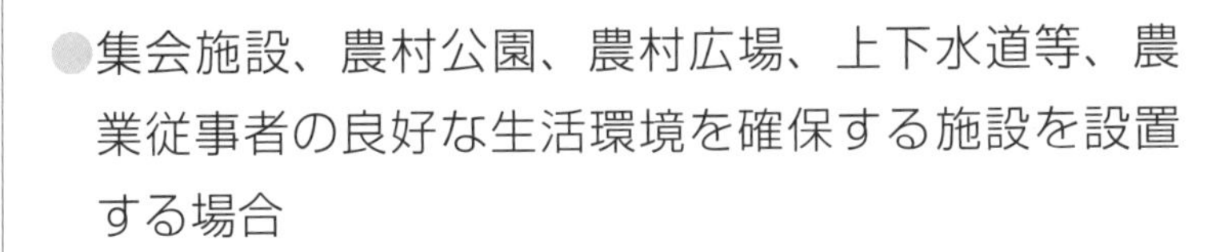

- 集会施設、農村公園、農村広場、上下水道等、農業従事者の良好な生活環境を確保する施設を設置する場合

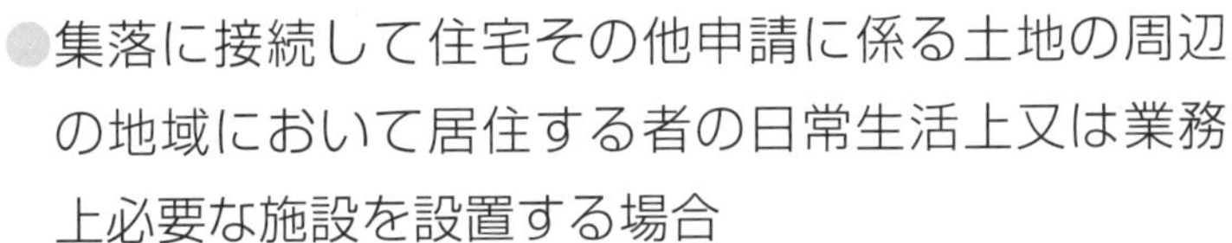

- 集落に接続して住宅その他申請に係る土地の周辺の地域において居住する者の日常生活上又は業務上必要な施設を設置する場合

特別の立地条件を必要とするもの

●国道・県道に接してトラックターミナル、倉庫等の流通業務施設及びガソリンスタンド、ドライブイン等沿道サービス施設を設置する場合

地域整備法によるもの

●農村産業法、多極分散法、リゾート法等地域整備法に基づいて転用が行われる場合

地域の農業の振興に関する地方公共団体の計画によるもの

●地域の農業の振興に関する地方公共団体の計画（市町村農業振興地域整備計画又は同計画に沿って市町村が策定する計画）に基づいて転用が行われる場合

(4) 他法令の許可が必要なことがあります

農地を転用して住宅や工場等を建設する場合、農地法以外にも都市計画法等の他法令によって建設等が規制されています。この場合には、他法令による許認可等が得られる見通しがない限り農地転用の許可は行われません。

農振法の農用地区域内で農地を転用する場合

農用地区域は、農振法（農業振興地域の整備に関する法律）に基づき市町村が今後長期にわたり農業上の利用を確保すべき土地の区域として指定した区域です。

このため、農用地区域内の農地を転用する場合には、農用地区域からの除外が必要です。

都市計画法の開発許可が必要な農地転用を行う場合

無秩序な市街地の形成を防止する観点から都市計画法の開発許可が必要な開発行為（宅地造成等）を行おうとする場合には、同法に基づき都道府県知事（指定都市等においては指定都市等の長）の許可が必要とされています。畜舎、温室、農機具等収納施設、農林漁業者の居住用建築物等の開発行為については開発許可が不要となっています（都市計画法第 29 条）。

なお、都市計画法の開発許可と農地法の転用許可は、両制度間の整合を図るため同時に行うようにされています。

4 農用地区域内の農地の転用

（1）農用地区域とは

都道府県知事が指定した農業振興地域内の市町村は、地域の農業の振興を図るための総合的な計画として農業振興地域整備計画（農振法第８条）を定め、農業振興地域の整備のための各種施策の具体的内容と将来的に農業上の利用を確保すべき土地を農用地区域として指定する農用地利用計画を定めます（農振法第８条第２項）。

農用地区域内の土地は、農業上の利用を確保すべき土地であり開発行為の制限（農振法第１５条の２）及び農用地利用計画において指定された用途以外の用途に供されないようにしなければならない（農振法第１７条）などの措置が講じられる土地となっているものです。

農用地区域に含まれる農地
（農振法第 10 条第 3 項）

❶ 10ha 以上の集団的農用地

❷ 土地改良事業等の対象地

❸ 土地改良施設等農用地の保全・利用のために必要な施設の用地

❹ 上記❶と❷に隣接する農業用施設用地又は 2ha 以上（農振法政令第 7 条）の農業用施設用地

❺ 地域の農業振興を図る観点から農用地区域に含める必要がある土地

農用地区域に含まれない土地

●土地改良事業における非農用地区域（換地計画で定められる区域＝下図点線内）

●優良田園住宅法による優良田園住宅の用に供される土地

●地域整備法に基づく施設の用に供される土地

農村産業法、リゾート法、多極分散法、地方拠点法、地域未来投資促進法

●公益性が特に高いと認められる施設のうち農業振興地域整備計画の達成に著しい支障を及ぼすおそれが少ないもの（農振法省令第４条の５）

・公益性の特に高い事業に係る施設のうち道路等の点・線的な施設

・地域の農業の振興に関する地方公共団体の計画（農林水産省令の要件を満たすもの）において定められている非農用地予定区域に設置することとされている施設
〔農振法省令第４条の５第26の２〕

・地域の農業の振興に関する地方公共団体の計画（農林水産省令の要件を満たすもの）に定められている種類、位置及び規模が定められている施設
〔農振法省令第４条の５第27号〕

・市町村の農業振興地域整備計画に定められている施設
〔農振法省令第４条の５第28号〕

(2) 農用地区域内の農地を転用する場合

農用地区域内の農地を転用しようとする場合、農業用施設用地に農産物集出荷施設を設置する場合など農用地利用計画において指定された用途の用に供するもの（農地法第４条第６項ただし書）等に限られます。このため用途以外の用に供しようとする農地転用は、その土地を農用地区域から除外する必要があります。

(3) 農用地区域から除外するための農用地利用計画の変更

農用地区域から除外するための農用地利用計画の変更は、次の場合に該当するときにできることとなります。

①「農用地区域に含まれない土地」（10 頁のイラスト参照）に該当することとなったもの（農振法第 10 条第４項）

（ア）土地改良事業等における非農用地区域（農振法第 10 条第４項）

（イ）優良田園住宅法による優良田園住宅のための土地（農振法政令第８条第２号）

（ウ）農村産業法に基づく産業導入、リゾート法、多極分散法、地方拠点法、地域未来投資促進法に基づく施設の整備で、その周辺の土地の農業上の効率的かつ総合的な利用に支障を及ぼすおそれがないもの（農振法政令第８条第３号）

（エ）公益性が特に高いと認められる施設（道路法による道路等や地域の農業振興に関する地方公共団体の計画に基づく施設）で農業的土地利用に支障を及ぼすおそれが少ないもの（農振法政令第８条第４号、省令第４条の５）

② ①以外で、農用地等以外の用途に供するための除外は、次の５要件を全てみたす必要（農振法第 13 条第２項）

（ア）農業振興地域整備計画の農用地区域以外の区域内の土地利用の状況からみて、農用地等に設置することが必要かつ適当であって、農用地区域以外に代替すべき土地がないこと

（イ）農業上の効率的かつ総合的な利用に支障を及ぼすおそれがないこと

（ウ）効率的かつ安定的な農業経営を営む者に対する農用地の利用の集積に支障を及ぼすおそれがないこと

（エ）ため池、排水路、農道等土地改良施設の有する機能に支障を及ぼすおそれがないこと

（オ）土地改良事業等の事業完了した年度の翌年度から８年を経過していること

※ （ア）から（オ）の全ての要件を満たすものであるか否かについては、市町村の判断とともに、市町村の判断が適法であるか都道府県知事が農用地利用計画の変更について同意手続きを行う過程で判断されます。なお、農業振興地域整備計画は、市町村の行政計画であり、当該市町村の判断により変更されます。

③ 農用地利用計画の変更を含む農業振興地域整備計画の変更手続きを行う必要（農振法第 11 条～ 12 条、政令第３条、省令第３条の２)

(4) 農用地区域からの除外・転用の手続き

農用地区域内の農地を転用するためには、市町村が農用地利用計画の変更により当該農地を農用地区域から除外した後に、転用の許可を受けることが必要です。

この農用地利用計画の変更には、市町村が行うおおむね5年ごとの農業振興地域整備計画に関する基礎調査に基づく総合的な見通しに伴う変更と、それ以外の変更があります。

① 農用地区域内の農地については、他に代替地がない等の5要件（12頁の2のア〜オ）の全てを満たす必要があります。農用地区域内の農地について転用を希望する場合は、市町村の農業振興地域制度担当部局に相談をしてください。

② 市町村が、他に代替地がない等の5要件に照らし、農用地区域から除外できるかどうかを判断するのに必要な位置図、予定施設等についての資料を求められることがあります。

③ 市町村は、農用地区域内の関係権利者の意向とともに、農業振興上の農地の必要性、除外の基準等を勘案して、農用地利用計画を含む農業振興地域整備計画の変更案を作成します。

④ 市町村は作成した農業振興地域整備計画変更案を公告し、その後おおむね30日間縦覧し地域住民からの意見を受け付けます。

⑤ さらに、縦覧後15日間農用地区域内の所有者等からの異議申出を受け付けます。当該期間内に異議の申出がなければ、市町村は都道府県知事に変更案の協議を行います。

⑥ 変更案に異議ない旨の回答（農用地利用計画の変更に対しては同意）があれば、地域住民に対し農業振興地域整備計画の変更を知らせるための公告をします。

⑦ 農地転用の許可申請手続きは、農用地区域からの除外について事前に市町村又は都道府県に十分相談し、その指導を受けて進めることが適当です。

(5) 手続期間

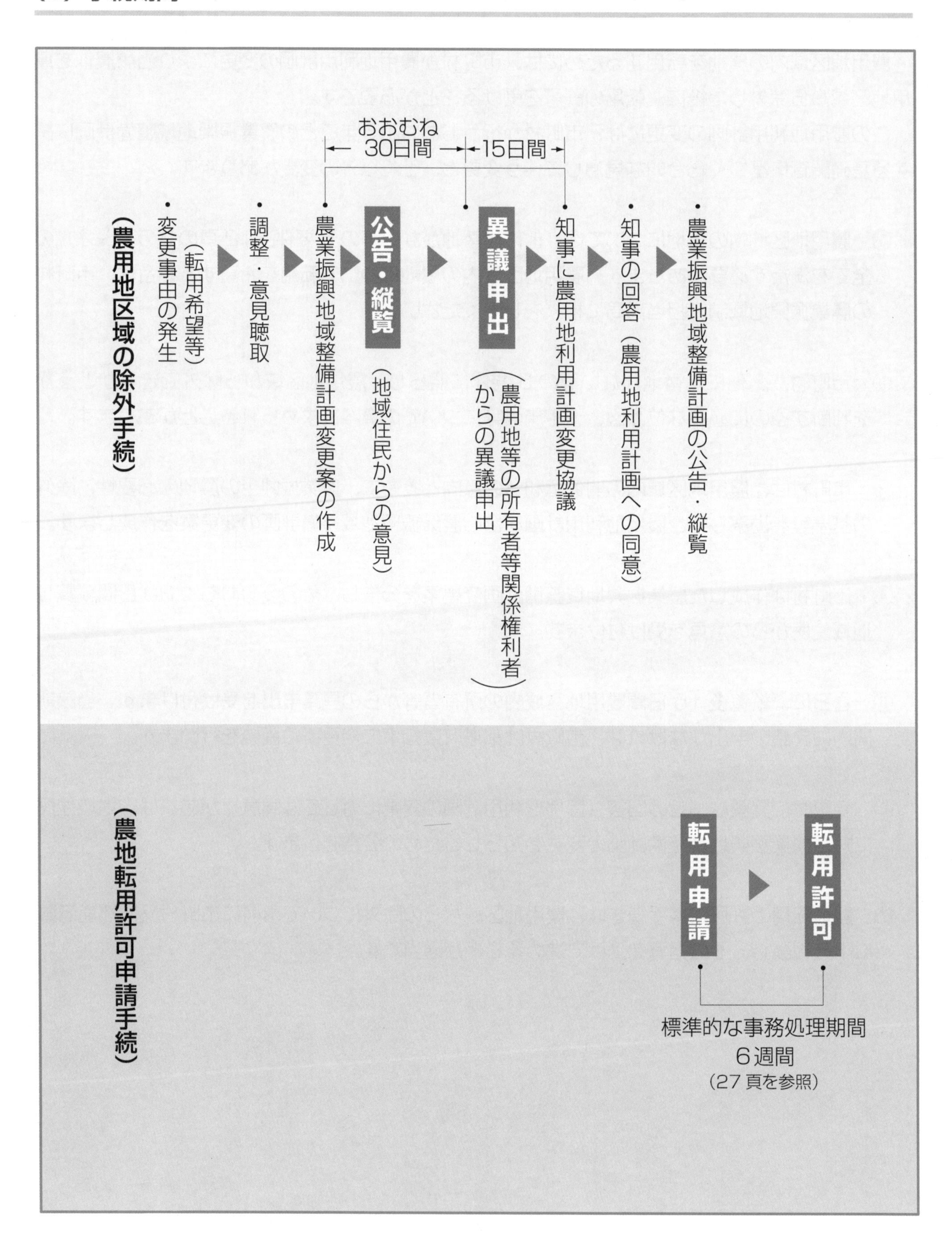

(農用地区域の除外手続)
・変更事由の発生(転用希望等)
・調整・意見聴取
・農業振興地域整備計画変更案の作成
公告・縦覧
(地域住民からの意見)
異議申出
(農用地等の所有者等関係権利者からの異議申出)
・知事に農用地利用計画変更協議
・知事の回答(農用地利用計画への同意)
・農業振興地域整備計画の公告・縦覧
おおむね
30日間
15日間
(農地転用許可申請手続)
転用申請
転用許可
標準的な事務処理期間
6週間
(27頁を参照)

〈参　考〉

■ 土地収用法（抄）

（土地を収用し、又は使用することができる事業）

第３条　土地を収用し、又は使用することができる公共の利益となる事業は、次の各号のいずれかに該当するものに関する事業でなければならない。

1　道路法（昭和27年法律第180号）による道路、道路運送法（昭和26年法律第183号）による一般自動車道若しくは専用自動車道（同法による一般旅客自動車運送事業又は貨物自動車運送事業法（平成元年法律第83号）による一般貨物自動車運送事業の用に供するものに限る。）又は駐車場法（昭和32年法律第106号）による路外駐車場

2　河川法（昭和39年法律第167号）が適用され、若しくは準用される河川その他公共の利害に関係のある河川又はこれらの河川に治水若しくは利水の目的をもって設置する堤防、護岸、ダム、水路、貯水池その他の施設

3　砂防法（明治30年法律第29号）による砂防設備又は同法が準用される砂防のための施設

3の2　国又は都道府県が設置する地すべり等防止法（昭和33年法律第30号）による地すべり防止施設又はぼた山崩壊防止施設

3の3　都道府県が設置する急傾斜地の崩壊による災害の防止に関する法律（昭和44年法律第57号）による急傾斜地崩壊防止施設

4　運河法（大正２年法律第16号）による運河の用に供する施設

5　国、地方公共団体、土地改良区（土地改良区連合を含む。以下同じ。）又は独立行政法人石油天然ガス・金属鉱物資源機構が設置する農業用道路、用水路、排水路、海岸堤防、かんがい用若しくは農作物の災害防止用のため池又は防風林その他これに準ずる施設

6　国、都道府県又は土地改良区が土地改良法（昭和24年法律第195号）によつて行う客土事業又は土地改良事業の施行に伴い設置する用排水機若しくは地下水源の利用に関する設備

7　鉄道事業法（昭和61年法律第92号）による鉄道事業者又は索道事業者がその鉄道事業又は索道事業で一般の需要に応ずるものの用に供する施設

7の2　独立行政法人鉄道建設・運輸施設整備支援機構が設置する鉄道又は軌道の用に供する施設

8　軌道法（大正10年法律第76号）による軌道又は同法が準用される無軌条電車の用に供する施設

8の2　石油パイプライン事業法（昭和47年法律第105号）による石油パイプライン事業の用に供する施設

9　道路運送法による一般乗合旅客自動車運送事業（路線を定めて定期に運行する自動車により乗合旅客の運送を行うものに限る。）又は貨物自動車運送事業法による一般貨物自動車運送事業（特別積合せ貨物運送をするものに限る。）の用に供する施設

9の2　自動車ターミナル法（昭和34年法律第136号）第３条の許可を受けて経営する自動車ターミナル事業の用に供する施設

10　港湾法（昭和25年法律第218号）による港湾施設又は漁港漁場整備法（昭和25年法律第137号）による漁港施設

10の2　海岸法（昭和31年法律第101号）による海岸保全施設

10の３　津波防災地域づくりに関する法律（平成23年法律第123号）による津波防護施設

11　航路標識法（昭和24年法律第99号）による航路標識又は水路業務法（昭和25年法律第102号）による水路測量標

12　航空法（昭和27年法律第231号）による飛行場又は航空保安施設で公共の用に供するもの

13　気象、海象、地象又は洪水その他これに類する現象の観測又は通報の用に供する施設

13の２　日本郵便株式会社が日本郵便株式会社法（平成17年法律第100号）第４条第１項第１号に掲げる業務の用に供する施設

14　国が電波監視のために設置する無線方位又は電波の質の測定装置

15　国又は地方公共団体が設置する電気通信設備

15の２　電気通信事業法（昭和59年法律第86号）第120条第１項に規定する認定電気通信事業者が同項に規定する認定電気通信事業の用に供する施設（同法の規定により土地等を使用することができるものを除く。）

16　放送法（昭和25年法律第132号）による基幹放送事業者又は基幹放送局提供事業者が基幹放送の用に供する放送設備

17　電気事業法（昭和39年法律第170号）による一般送配電事業、送電事業、特定送配電事業又は発電事業の用に供する電気工作物

17の２　ガス事業法（昭和29年法律第51号）によるガス工作物

18　水道法（昭和32年法律第177号）による水道事業若しくは水道用水供給事業、工業用水道事業法（昭和33年法律第84号）による工業用水道事業又は下水道法（昭和33年法律第79号）による公共下水道、流域下水道若しくは都市下水路の用に供する施設

19　市町村が消防法（昭和23年法律第186号）によつて設置する消防の用に供する施設

20　都道府県又は水防法（昭和24年法律第193号）による水防管理団体が水防の用に供する施設

21　学校教育法（昭和22年法律第26号）第１条に規定する学校又はこれに準ずるその他の教育若しくは学術研究のための施設

22　社会教育法（昭和24年法律第207号）による公民館（同法第42条に規定する公民館類似施設を除く。）若しくは博物館又は図書館法（昭和25年法律第118号）による図書館（同法第29条に規定する図書館同種施設を除く。）

23　社会福祉法（昭和26年法律第45号）による社会福祉事業若しくは更生保護事業法（平成７年法律第86号）による更生保護事業の用に供する施設又は職業能力開発促進法（昭和44年法律第64号）による公共職業能力開発施設若しくは職業能力開発総合大学校

24　国、地方公共団体、独立行政法人国立病院機構、国立研究開発法人国立がん研究センター、国立研究開発法人国立循環器病研究センター、国立研究開発法人国立精神・神経医療研究センター、国立研究開発法人国立国際医療研究センター、国立研究開発法人国立成育医療研究センター、国立研究開発法人国立長寿医療研究センター、健康保険組合若しくは健康保険組合連合会、国民健康保険組合若しくは国民健康保険団体連合会、国家公務員共済組合若しくは国家公務員共済組合連合会若しくは地方公務員共済組合若しくは全国市町村職員共済組合連合会が設置する病院、療養所、診療所若しくは助産所、地域保健法（昭和22年法律第101号）による保健所若しくは医療法（昭和23年法律第205号）による公的医療機関又は検疫所

25　墓地、埋葬等に関する法律（昭和23年法律第48号）による火葬場

26　と畜場法（昭和28年法律第114号）によると畜場又は化製場等に関する法律（昭和23年法

律第140号）による化製場若しくは死亡獣畜取扱場

27　地方公共団体又は廃棄物の処理及び清掃に関する法律（昭和45年法律第137号）第15条の５第１項に規定する廃棄物処理センターが設置する同法による一般廃棄物処理施設、産業廃棄物処理施設その他の廃棄物の処理施設（廃棄物の処分（再生を含む。）に係るものに限る。）及び地方公共団体が設置する公衆便所

27の２　国が設置する平成23年３月11日に発生した東北地方太平洋沖地震に伴う原子力発電所の事故により放出された放射性物質による環境の汚染への対処に関する特別措置法（平成23年法律第110号）による汚染廃棄物等の処理施設

28　卸売市場法（昭和46年法律第35号）による中央卸売市場及び地方卸売市場

29　自然公園法（昭和32年法律第161号）による公園事業

29の２　自然環境保全法（昭和47年法律第85号）による原生自然環境保全地域に関する保全事業及び自然環境保全地域に関する保全事業

30　国、地方公共団体、独立行政法人都市再生機構又は地方住宅供給公社が都市計画法（昭和43年法律第100号）第４条第２項に規定する都市計画区域について同法第２章の規定により定められた第１種低層住居専用地域、第２種低層住居専用地域、第１種中高層住居専用地域、第２種中高層住居専用地域、第１種住居地域、第２種住居地域又は準住居地域内において、自ら居住するため住宅を必要とする者に対し賃貸し、又は譲渡する目的で行う50戸以上の１団地の住宅経営

31　国又は地方公共団体が設置する庁舎、工場、研究所、試験所その他直接その事務又は事業の用に供する施設

32　国又は地方公共団体が設置する公園、緑地、広場、運動場、墓地、市場その他公共の用に供する施設

33　国立研究開発法人日本原子力研究開発機構が国立研究開発法人日本原子力研究開発機構法（平成16年法律第155号）第17条第１項第１号から第３号までに掲げる業務の用に供する施設

34　独立行政法人水資源機構が設置する独立行政法人水資源機構法（平成14年法律第182号）による水資源開発施設及び愛知豊川用水施設

34の２　国立研究開発法人宇宙航空研究開発機構が国立研究開発法人宇宙航空研究開発機構法（平成14年法律第161号）第18条第１号から第４号までに掲げる業務の用に供する施設

34の３　国立研究開発法人国立がん研究センター、国立研究開発法人国立循環器病研究センター、国立研究開発法人国立精神・神経医療研究センター、国立研究開発法人国立国際医療研究センター、国立研究開発法人国立成育医療研究センター又は国立研究開発法人国立長寿医療研究センターが高度専門医療に関する研究等を行う国立研究開発法人に関する法律（平成20年法律第93号）第13条第1項第1号、第14条第1号、第15条第1号若しくは第3号、第16条第1号若しくは第3号、第17条第1号又は第18条第1号若しくは第2号に掲げる業務の用に供する施設

35　前各号のいずれかに掲げるものに関する事業のために欠くことができない通路、橋、鉄道、軌道、索道、電線路、水路、池井、土石の捨場、材料の置場、職務上常駐を必要とする職員の詰所又は宿舎その他の施設

5 農地転用許可等の事務の流れ

■許可申請の審査事務は次のように行われます。

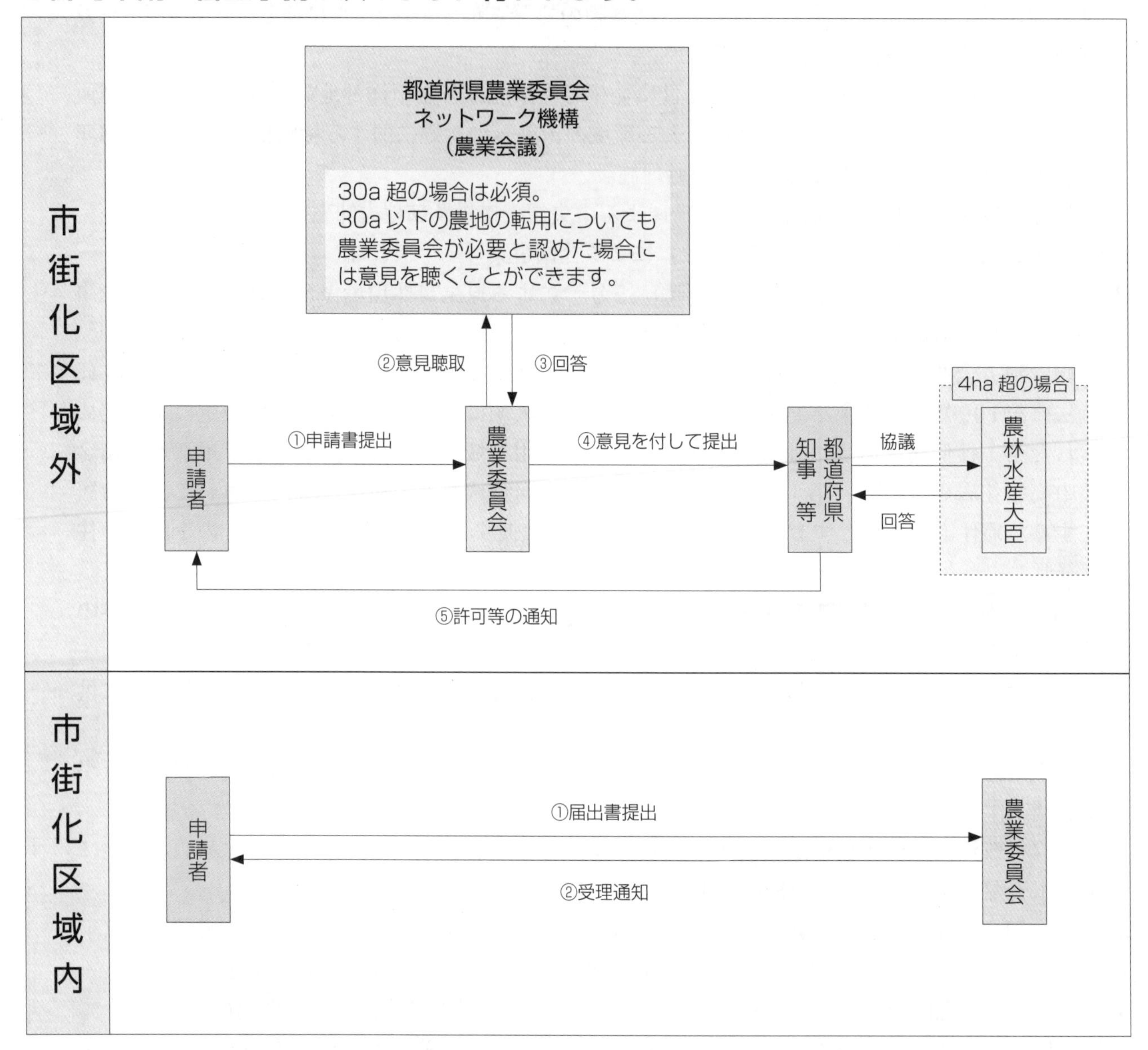

農地転用許可申請書

〈編注〉

「農地法第４条第１項の規定による許可申請書」の場合は、申請者が転用を行う者（農地所有者等）となる他は下記様式に準じます。

農地法第５条第１項の規定による許可申請書

令和　　年　　月　　日

都道府県知事
指定市町村の長　殿

譲受人　氏名　　　　　　　　印
譲渡人　氏名　　　　　　　　印

下記のとおり転用のため農地（採草放牧地）の権利を設定（移転）したいので、農地法第５条第１項の規定により許可を申請します。

記

1 当事者の住所等	当事者の別	氏名	住所	職業
	譲受人		都道府県　郡市　町村　番地	
	譲渡人		都道府県　郡市　町村　番地	

2 許可を受けようとする土地の所在等	土地の所在	地番	地目		面積	利用状況	10a当たり普通収穫高	所有権以外の使用収益権が設定されている場合		市街化区域・市街化調整区域・その他の区域の別
			登記簿	現況				権利の種類	権利者の氏名又は名称	
	郡市　町村				㎡					
	計　㎡（田　㎡、畑　㎡、採草放牧地　㎡）									

3 転用計画		
(1)転用の目的		(2)権利を設定し又は移転しようとする理由の詳細
(3)事業の操業期間又は施設の利用期間	年　月　日から　年間	

(4)転用の時期及び転用の目的に係る事業又は施設の概要

工事計画	第1期（着工 年月日から年月日まで）				第2期	合計		
	名称	棟数	建築面積	所要面積		棟数	建築面積	所要面積
土地造成				㎡				㎡
建築物			㎡				㎡	
小計								
工作物								
小計								
計								

4 権利を設定し又は移転しようとする契約の内容	権利の種類	権利の設定・移転の別	権利の設定・移転の時期	権利の存続期間	その他
		設定　移転			

5 資金調達についての計画	
6 転用することによって生ずる付近の土地・作物・家畜等の被害防除施設の概要	
7 その他参考となるべき事項	

（記載要領）
1　氏名（法人にあってはその代表者の氏名）を自署する場合には、押印を省略することができます。
2　当事者が法人である場合には「氏名」欄にその名称及び代表者の氏名を、「住所」欄にその主たる事務所の所在地を、「職業」欄にその業務の内容を、それぞれ記載してください。
3　譲渡人が２人以上である場合には、申請書の差出人は「譲受人何某」及び「譲渡人何某外何名」とし、申請書の１及び２の欄には「別紙記載のとおり」と記載して申請することができるものとします。この場合の別紙の様式は、次の別紙１及び別紙２のとおりとします。
4「利用状況」欄には、田にあっては二毛作又は一毛作の別、畑にあっては普通畑、果樹園、桑園、茶園、牧草畑又はその他の別、採草放牧地にあっては主な草名又は家畜の種類を記載してください。
5「10ａ当たり普通収穫高」欄には、採草放牧地にあっては採草量又は家畜の頭数を記載してください。
6「市街化区域・市街化調整区域・その他の区域の別」欄には、申請に係る土地が都市計画法による市街化区域、市街化調整区域又はこれら以外の区域のいずれに含まれているかを記載してください。
7「転用の時期及び転用の目的に係る事業又は施設の概要」欄には、工事計画が長期にわたるものである場合には、できる限り工事計画を６か月単位で区分して記載してください。
8　申請に係る土地が市街化調整区域内にある場合には、転用行為が都市計画法第29条の開発許可及び同法第43条第１項の建築許可を要しないものであるときはその旨並びに同法第29条及び第43条第１項の該当する号を、転用行為が当該開発許可を要するものであるときはその旨及び同法第34条の該当する号を、転用行為が当該建築許可を要するものであるときはその旨及び建築物が同法第34条第１号から第10号まで又は都市計画法施行令第36条第１項第３号ロからホまでのいずれの建築物に該当するかを、転用行為が開発行為及び建築行為のいずれも伴わないものであるときは、その旨及びその理由を、それぞれ「その他参考となるべき事項」欄に記載してください。

添付書類　申請には次の書類の添付が必要です

①法人にあっては、定款又は寄附行為の写し及び登記事項証明書
②土地の登記事項証明書及び地番を示す図面
③位置図（縮尺は１／10,000ないし１／50,000程度）
④建物・施設の面積、位置を表示する図面（縮尺は１／500ないし１／2,000程度）
⑤転用の目的に係る事業の資金計画に基づいて事業を実施するために必要な資力及び信用があることを証する書面
⑥所有権以外の権利に基づく申請の場合は所有者の同意書
⑦地上権、貸借権などに基づく耕作者がいる場合にはその者の同意書
⑧転用に伴い他法令の許認可を了している場合は、その旨を証する書面
⑨転用地が土地改良区内にある場合は、当該土地改良区の意見書
⑩転用に関する取水・排水について権利関係者の同意を得ている場合は、その旨を証する書面
⑪その他参考となるべき書類

6 市街化区域内の届出事務の流れ

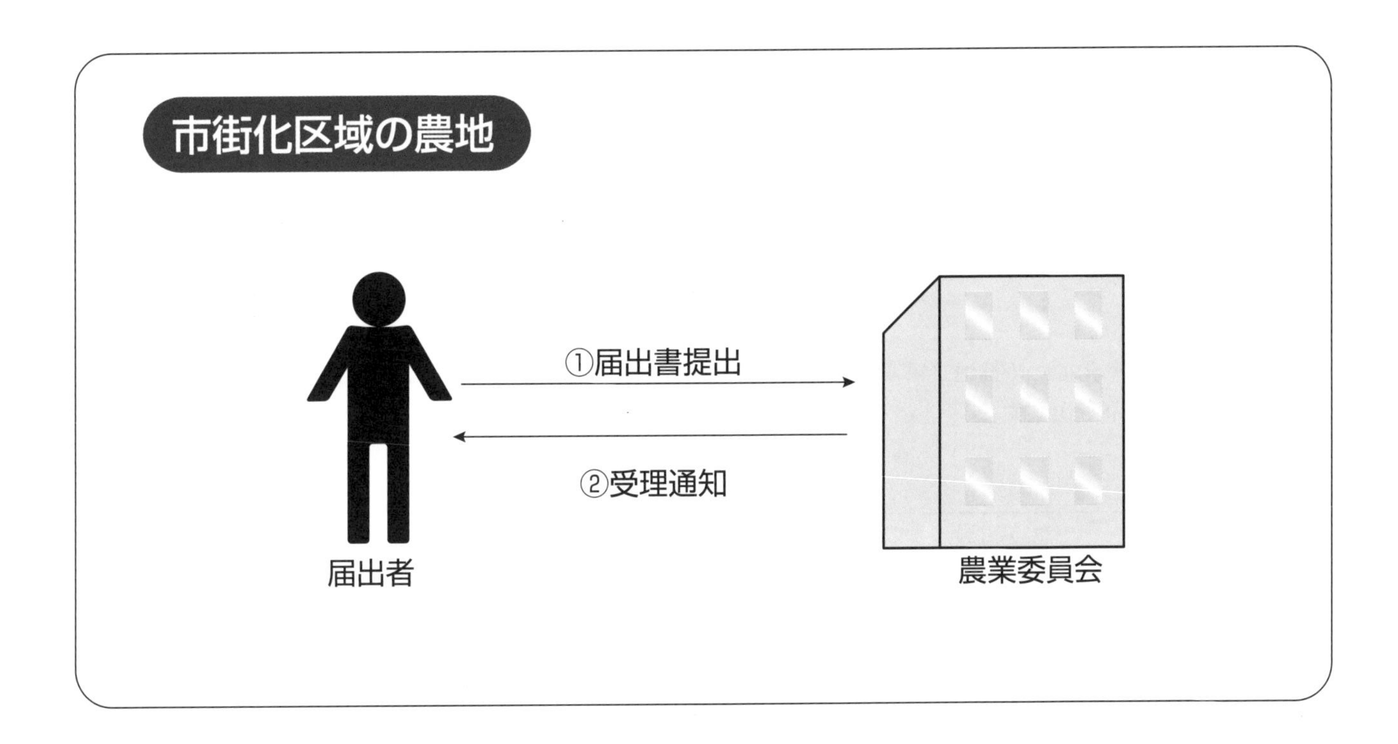

農地転用届出書

〈編注〉

「農地法第４条第１項第８号の規定による農地転用届出書」の場合は、届出者が転用を行う者（農地所有者）となり、22 頁様式の３が除かれる他は、22 頁様式に準じます。

添付書類　**申請には次の書類の添付が必要です**

①位置図（縮尺は１／ 10,000 ないし１／ 50,000 程度）
②土地の登記事項証明書
③賃貸借の目的となっている場合には農地法第 18 条第１項の許可があったことを証する書面
④都市計画法第 29 条の開発許可を受けることを必要とする場合には、当該開発許可を受けたことを証する書面
〈編注〉農地法第４条の場合は、上記の④が除かれます。

農地法第５条第１項第７号の規定による農地転用届出書

令和　　年　　月　　日

農業委員会会長　殿

譲受人　氏名　　　　　　　　　印
譲渡人　氏名　　　　　　　　　印

下記のとおり転用のため農地（採草放牧地）の権利を設定（移転）したいので、農地法第５条第１項第６号の規定により届け出ます。

記

	当事者の別	氏　名	住　所	職　業
１　当事者の住所等	譲　受　人			
	譲　渡　人			

	土地の所在	地　番	地　目		面　積	土地所有者		耕　作　者	
２　土地の所在等			登記簿	現　況		氏　名	住　所	氏　名	住　所
	計	㎡（田　㎡　畑　㎡　採草放牧地　㎡）							

	権利の種類	権利の設定、移転の別	権利の設定、移転の時期	権利の存続期間	その他
３　権利を設定し又は移転しようとする契約の内容					

４　転用計画	転用の目的		開発許可を要しない転用行為にあっては都市計画法第29条の該当号	
	転用の時期	工事着工時期		
		工事完了時期		
	転用の目的に係る事業又は施設の概要			

５　転用することによって生ずる付近の農地、作物等の被害の防除施設の概要	

（記載要領）

１　氏名（法人にあってはその代表者の氏名）を自署する場合には、押印を省略することができます。

２　当事者が法人である場合には、「氏名」欄にその名称及び代表者の氏名を、「住所」欄にその主たる事務所の所在地を、「職業」欄にその業務の内容を、それぞれ記載してください。

３　譲渡人が２人以上である場合には、届出書の差出人は「譲受人何某」及び「譲渡人何某外何名」とし、届出書の１及び２の欄には「別紙記載のとおり」と記載して申請することができるものとします。この場合の別紙の様式は、次の別紙１及び別紙２のとおりとします。

４　「転用の目的に係る事業又は施設の概要」欄には、事業又は施設の種類、数量及び面積、その事業又は施設に係る取水又は排水施設等について具体的に記入してください。

7 農作物栽培高度化施設に関する特例

平成 30 年 11 月 16 日施行の農業経営基盤強化促進法等の一部を改正する法律により、農業委員会に届け出て、農作物栽培高度化施設（農業用ハウス等）の底面とするために農地を全面コンクリートにする場合、農作物栽培高度化施設の用に供される土地は農地とみなされ、農地転用に該当しないものとされました。

改正前は、コンクリート等で覆い耕作できない状態のものは農地に該当しないとされていましたが、①温度・湿度管理を徹底したい、②収穫用ロボットの導入で作業を効率したい、③水耕栽培用の高設棚の沈下を防ぎたいなどのニーズを踏まえ改正されたものです。

農作物栽培高度化施設は、農林水産省令で定める基準に該当するものとされています（農地法施行規則第 88 条の 3）。主な基準は次のとおり。

(1) もっぱら農作物の栽培の用に供されるものであること

施設内における農作物の栽培と関連性のないスペースが広いなど、一般的な農業用ハウスと比較して適正なものとなっていない場合には要件を満たさないと判断されます。

(2) 周辺の農地等の営農条件に支障を生ずるおそれがないもの

①周辺農地の日照に影響をおよぼすおそれがないとして、農林水産大臣が定める施設の高さの基準に適合するもの（ア棟の高さが 8ｍ 以内かつ軒の高さが 6m 以内、イ階数が 1 階、ウ屋根・壁面を透過性のないもので覆う場合は、春分の日および秋分の日の午前 8 時から午後 4 時までの間において、周辺の農地におおむね 2 時間以上日影を生じさせないこと）

アの「高さが 8ｍ 以内」とは、施設の設置される敷地の地盤面（施設の設置にあたりおおむね 30cm 以下の基礎を施行する場合は、当該基礎の上部をいう）から施設の棟までの高さが 8ｍ 以内であること。「軒の高さが 6m 以内」とは、施設の設置される敷地の地盤面から当該施設の軒までの高さが 6m 以内であること

②施設から生ずる排水の放流先の機能に支障を及ぼさないために放流先の管理者の同意があったこと。その他周辺農地の営農条件に著しい支障が生じないように必要な措置が講じられていること

(3) 施設設置に必要な行政庁の許認可等を受けている、または受ける見込みがあること

(4) 施設が「農作物栽培高度化施設」であることを明らかにする標識の設置など、適当な措置が購じられていること

(5) 施設を設けた土地が所有権以外の権限に基づいて供されている場合は、施設の設置について、その土地の所有権を有する者の同意があったこと

農作物栽培高度化施設を設置しようとする者は、施設を設置する農地が所在する市町村の農業委員会に、農地法第 43 条第 1 項の規定による届出を行います。

農業委員会は、届出があったときは次の点を確認の上、その受理又は不受理を決定します。

①当該施設が基準を満たしているか、②届出者の記載事項が記載されているか、③添付書類が具備されているか、④施設整備のために農地に係る権利を取得する場合には、法第３条第１項の許可申請がなされているか

農業委員会への届出は、受理されるまでは届出の効力が生じません。受理通知書の交付があるまでは、高度化施設の設置に着手しないよう指導を行う必要があります。

8 営農型太陽光発電設備の取扱い

農地に支柱を立てて、営農を適切に継続しながら上部空間に太陽光発電設備を設置することにより農業と発電を両立する仕組み（営農型太陽光発電設備）は、支柱の基礎部分について一時転用許可が必要となります。

営農型太陽光発電設備の農地転用許可制度上の取扱いについては、一時転用許可後の営農状況等の調査結果を踏まえ、担い手が下部の農地で営農する場合や荒廃農地を活用する場合等には一時転用期間がそれまでの３年以内から 10 年以内に延長されています。

また、「2050 年カーボンニュートラル社会の実現」の宣言（令和 2 年 10 月 26 日）を受け、耕作者の確保が見込まれない荒廃農地（※）においては、再生可能エネルギー設備の設置の積極的な促進が図られることとなりました（令和３年３月 31 日付け２農振第 3854 号農村振興局長通知）。

※　①農地中間管理事業規定の基準に適合しなかったとして農地中間管理機構が借受けしなかった農地、②農地法の規定に基づく農業委員会によるあっせんその他農地の利用関係の調整を行ってもなお受け手を確保することができなかった農地、③人・農地プランにおいて、地域の農業で中心的な役割を果たすことが見込まれる農業者に対し権利の移転又は設定を行うことが具体的に計画されていない農地

一時転用期間が 10 年以内となる場合（次のいずれかの場合）

- 担い手（※）が所有している農地又は賃借権その他の使用及び収益を目的とする権利を有する農地等で当該担い手が営農を行う場合
- 農用地区域内を含め荒廃農地を活用する場合
- 農用地区域外の第２種農地または第３種農地を活用する場合

（※）「担い手」とは、効率的かつ安定的な農業経営体、認定農業者、認定新規就農者、法人化を目指す集落営農をいいます。

一時転用許可に当たり、下部農地における営農の適切な継続が確実か（①営農が行われるか、②同年の地域の平均的な単収と比較しておおむね２割以上減少していないか、③生産された農作物の品質に著しい劣化が生じていないか）、農作物の生育に適した日照量を保つための設計となっているか、支柱は効率的な農業機械等の利用が可能な高さ（最低地上高おおむね 2m 以上）となっているか、また、周辺農地の効率的利用に支障がない位置に設置されているか等を確認します。

一時転用の期間中に営農上の問題がない場合には再許可が可能となります。

また、一時転用許可の条件として、年に１回の報告を義務付け、農産物生産等に支障が生じていないかを確認します（著しい支障がある場合には、施設を撤去して復元することを義務付けています）。

9 違反転用に対する措置

農地を転用したり、転用のために農地を売買等するときは、原則として農地転用許可を受けなければなりません。また、許可後において転用目的を変更する場合等には、事業計画の変更の手続きを行う必要があります。

この許可を受けないで無断で農地を転用した場合や、転用許可に係る事業計画どおりに転用していない場合には、農地法に違反することとなり、工事の中止や原状回復等の命令がなされる場合があります（農地法第 51 条）。

また、違反行為をしたときは、次の罰則が適用されます（農地法第 64 条、第 67 条）。

①違反転用

３年以下の懲役または 300 万円以下の罰金（法人は１億円以下の罰金）

②違反転用における原状回復命令違反

３年以下の懲役または 300 万円以下の罰金（法人は１億円以下の罰金）

違反転用に対する措置について

違反転用行為とは（農地法第 51 条第 1 項）

- 許可を受けないで農地を転用すること
- 許可を受けないで農地等を転用するためのに権利の設定・移転を行うこと
- 転用許可に付した条件に違反すること
- 違反転用者からその違反に係る工事等を請け負うこと
- 虚偽等の不正な手段による許可を受けること

違反転用に対する一般的な対応の流れ

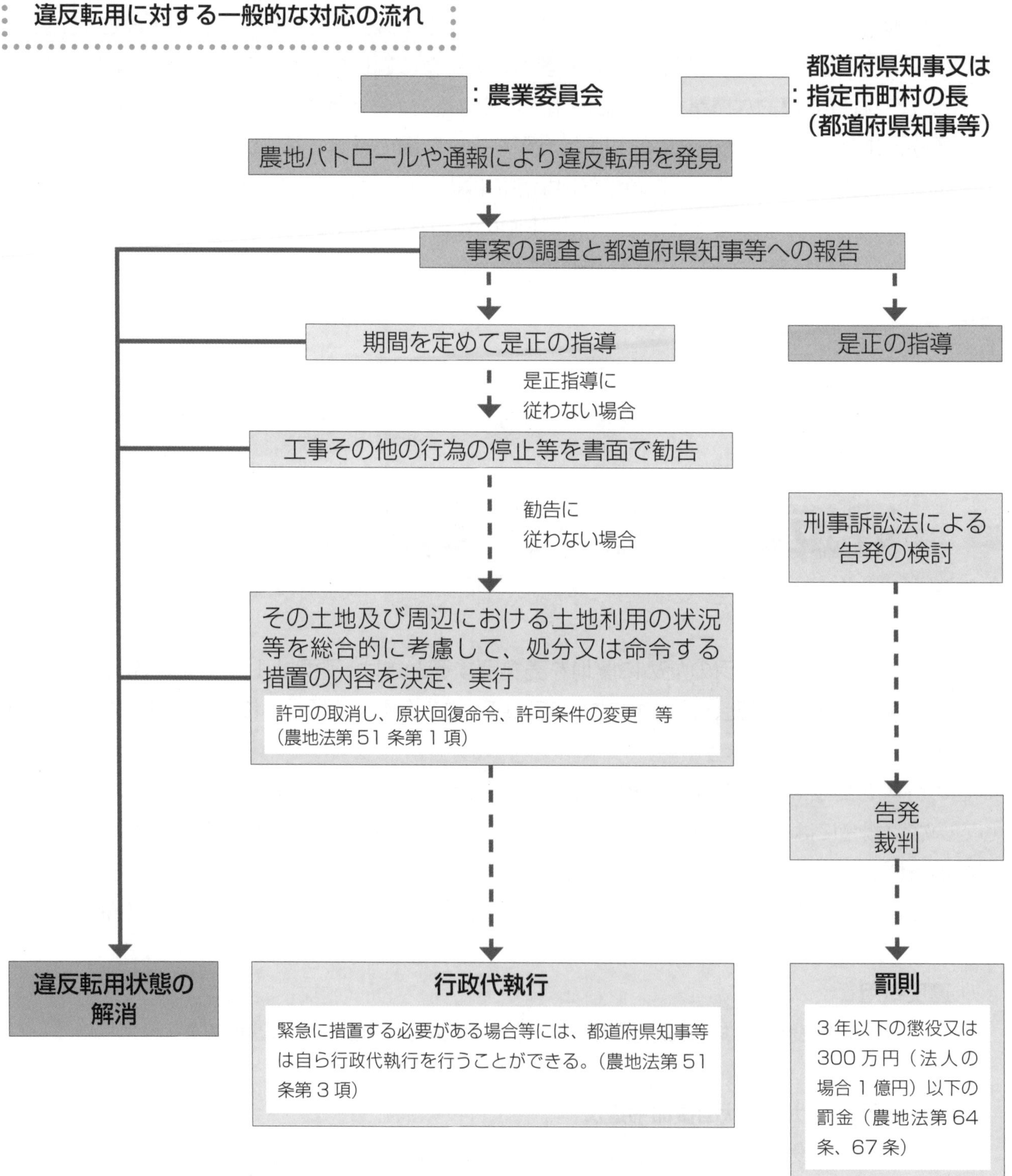

10 事務処理の迅速化

農地転用関係の手続きを迅速に処理するため、標準的な事務処理期間を設け、この期間内に事務処理を終えるようにしております（事務処理要領第４・４)。農業委員会ではこの迅速な処理のための受付期間を設けているところがあります。

各機関別の標準的な事務処理期間

	農業委員会による意見書の送付	都道府県知事等による許可等の処分又は協議書の送付	地方農政局長等による協議に対する回答の通知
都道府県知事等の許可に関する事案（農業委員会が都道府県農業委員会ネットワーク機構に意見を聴かない事案）	申請書の受理後 ３週間 (第４の１の(4)のア)	申請書及び意見書の受理後２週間 (第４の１の(5)のア)	
都道府県知事等の許可に関する事案（農業委員会が都道府県農業委員会ネットワーク機構に意見を聴く事案）	申請書の受理後 ４週間 (第４の１の(4)のア)	申請書及び意見書の受理後２週間 (第４の１の(5)のア)	
うち農地法附則第２項の農林水産大臣への協議を要する事案	申請書の受理後 ４週間 (第４の１の(4)のア)	(協議書の送付) 申請書及び意見書の受理後１週間 (第４の３の(1)のア) (許可等の処分) 申請書及び意見書の受理後２週間 (第４の３の(1)のイ)	協議書受理後 １週間 (第４の３の（2))

11 農地転用などの問い合わせ先

市町村農業委員会では農地転用などの相談に応じています。農地転用等の申請について、聞きたいことや分からないことがある場合には、まず農地転用申請をされる農地の所在する農業委員会にお尋ねください。

なお、都道府県の農地転用許可制度・農業振興地域制度を担当している課でも相談に応じています。

農業委員会は、市役所あるいは町村役場にあります。

(1) 転用しようとする農地がどの区域にあるか確かめましょう

農地を転用して、住宅や工場等を建設しようとする場合、その農地が所在している区域（「市街化区域の内か外か」、「農用地区域の内か外か」など）によって、原則として農地転用が認められない場合もあれば、認められる場合もあります。

まず、転用を予定している農地がどの区域に入っているかを確認することが必要です。

その農地がどの区域に入っているかは、農地が所在する市町村の農業委員会又は農業振興地域制度あるいは都市計画制度を担当しているところで確認できます。

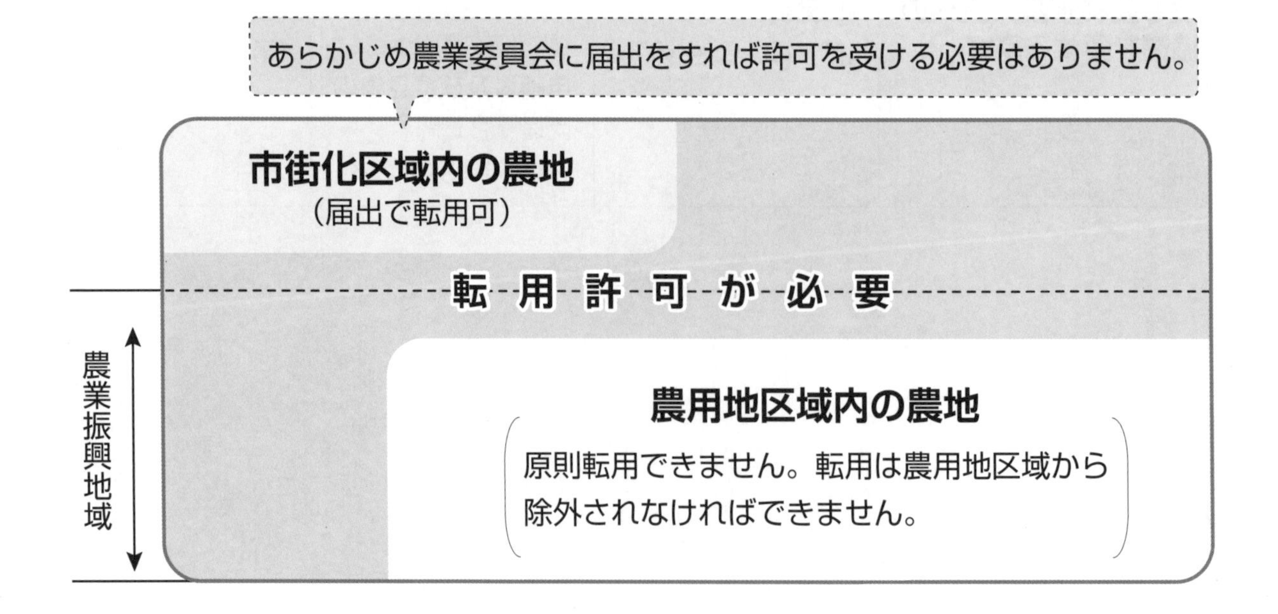

① 市街化区域内にあるときは？

農業委員会へ届出をすれば転用することができます。

② 転用したい農地が農用地区域内にあるときは？

農用地区域内の農地は原則として農地転用が認められませんので、農用地区域から除外が必要となります。

農用地区域は、「農業振興地域の整備に関する法律」に基づき市町村が策定する農業振興地域整備計画により、今後長期にわたり農業上の利用を確保すべき区域として定められた区域です（農業振興地域整備計画に定める農用地利用計画で指定された用途に供する場合等に限り許可することができます）。

このため、農地転用を伴う場合の農用地区域からの除外については、農業委員会と市町村の農業振興地域制度担当課でお聞きください。（12 頁参照）

③ 農地転用許可の審査は？

- 農地が優良農地か否かの面からみる立地基準

  ➡ 4 頁の「3　立地基準等」

- 確実に転用事業に供されるか、周辺の営農条件に悪影響を与えないか等の面からみる一般基準

  ➡ 4 頁の「2　農地転用許可基準の概要」の「(2) 一般基準」

に基づき判断されます。

(2) 農地転用許可（又は届出）手続き

- 申請者は、農地法第４条の場合は農地を転用しようとする者、同法第５条の場合は権利の設定移転の当事者（共同申請）です。

- 許可申請書は、市町村の農業委員会を経由して都道府県知事又は指定市町村の長に提出します。

- 市街化区域内にある農地の場合……農業委員会へ届出書を提出します。

農地転用許可制度マニュアル　改訂3版

定価540円（本体491円+税）
令和3年5月　発行　送料実費

発行：全国農業委員会ネットワーク機構
一般社団法人 全国農業会議所

〒102-0084 東京都千代田区二番町9-8
（中央労働基準協会ビル2階）
電話　03-6910-1131
全国農業図書コード　㊎R02-40

ISBN978-4-910027-37-1
C2061 ￥491E
定価：本体491円＋消費税

定価540円（本体491円+税）　㋰R02-40

2021
書籍の出版企画・製作等に関する実態調査（第６回）

生産委員会［編］
一般社団法人日本書籍出版協会